Bibliografische Information der Deutschen Nationalbibliothek:

Die Deutsche Bibliothek verzeichnet diese Publikation in der Deutschen National-
bibliografie; detaillierte bibliografische Daten sind im Internet über http://dnb.d-
nb.de/ abrufbar.

Impressum:

Copyright © 2009 GRIN Verlag, Open Publishing GmbH
Druck und Bindung: Books on Demand GmbH, Norderstedt Germany
ISBN: 9783640653607

Dieses Buch bei GRIN:

http://www.grin.com/de/e-book/153290/entstehung-und-entwicklung-der-muen-
chener-schule-der-sozialgeographie

Martin Krüger

Entstehung und Entwicklung der „Münchener Schule" der Sozialgeographie

GRIN Verlag

Universität Potsdam
Mathematisch-Naturwissenschaftliche Fakultät
Geographisches Institut

Studienarbeit

Entstehung und Entwicklung der „Münchener Schule" der Sozialgeographie.

Universität Potsdam

Mathematisch-Naturwissenschaftliche Fakultät

Geographisches Institut

Seminar: Wissenschaftstheoretische Grundlagen der Humangeographie

Form: Studienarbeit

Titel: Entstehung und Entwicklung der „Münchener Schule" der
Sozialgeographie.

Datum: 14.11.2009

Name: Martin Krüger

Studiengang: B.A. Geschichte / Humangeographie

SoSe 2009

Inhaltsverzeichnis

Einleitung

Als „Münchener Schule" der Sozialgeographie wird eine Schule innerhalb der Sozialgeographie bezeichnet, die ihren Ursprung am heutigen Seminar für Sozialwissenschaftliche Geographie der Universität München hat. Sie hat die Geographie als sozialwissenschaftliche Disziplin mitgeprägt und somit die Etablierung der Sozialgeographie innerhalb der Humangeographie maßgeblich beeinflusst. Es war vor allem Wolfgang Hartke, der von 1952 bis 1975 als ordentlicher Professor am Geographischen Institut der Technischen Universität München arbeitete und der „Anfang der [19]60er Jahre am nahezu tabuisierten Selbstverständnis seiner Disziplin gerüttelt und der deutschen Geographie Perspektiven aufgezeigt, die sie aus dem Elfenbeinturm einer antiquierten Landschaftsforschung und universitärer Länderkunde auf das weite Feld gesellschaftsrelevanter Forschungen geführt hat"[1]. Seine Schüler Maier, Paesler, Ruppert und Schaffner entwickelten seine und Hans Bobek's sozialgeographische Konzeptionen weiter zum „Münchener" sozialgeographischen Ansatz, mit dem Hauptaugenmerk auf die Daseinsgrundfunktionen sozialer Gruppen gerichtet. Es gibt unzählige Ansätze zur Sozialgegraphie – der Lehre von räumlichen Organisationsformen und raumbildenden Prozessen menschlicher Gruppen und Gesellschaften – doch prägend für die Disziplin der Sozialgeographie war der, wie schon erwähnte, theoretische Ansatz, der seit Ende der 60er Jahre vor allem von den damals in München lehrenden Geographen (Ruppert, Maier, Schaffner) entwickelt wurde und einen methodisch eigenständigen Weg beschreitet. Der „Münchener" sozialgeographische Ansatz ist grade deshalb für die Entwicklungslinien der Sozialgeographie so wichtig und bedeutend, „weil er in der Geographie und insbesondere der Schulgeographie der 70er Jahre eine hohe Resonanz gefunden hat und daher auch disziplin-geschichtlich von Interesse ist"[2].

Die hier angefertigte Arbeit beschäftigt sich mit der Entstehung und Entwicklung des Funktionalismus und der Herausbildung der „Münchener Schule" mit ihrem sozialgeographischen Ansatz und deren Forschungsgegenstand. Abschließend werden hier die Unzulänglichkeiten der „Münchener" Sozialgeographie erörtert und das zusammengefasste Fazit bildet den Schlusspunkt dieser Arbeit.

---

[1] Festschrift für das Geographische Institut 1998, S. 5.
 http://www.ssg.geo.uni-muenchen.de/institut/geschichte/jub98.pdf
[2] Borsdorf, A.: Geographisch denken, 1999, S. 77.

Funktionalismus

Die „Charta von Athen" (1942) ist das Manifest des modernen Städtebaus, das von dem Architekturtheoretiker und Urbanisten Le Corbusier zwischen 1928 und 1938 verfasst und 1942 publiziert wurde. Das Ziel dieser Charta besteht darin, die mittelalterlich geprägten Städte beim Umbau ihrer Stadtstrukturen den modernen Anforderungen und Bedürfnissen anzupassen und gerecht zu werden. Die Abstimmung der Städte auf die modernen Lebensweisen sollte einen neuen urbanen Lebenskontext schaffen.

Daraus entstand in den 60er und 70er Jahren die Idee einer autogerechten Stadt und die 98 Paragraphen der „Charta von Athen" enthalten eine konzeptionelle Anleitung für den Bau der „funktionellen Stadt", die alle Lebensbereiche gleichmäßig berücksichtigt. Somit stellt sie gleichzeitig den Grundstein der funktionellen Stadtplanung dar. Eine der am häufigsten zitierten Textstellen der Charta von Athen ist folgende: „Die Zoneneinteilung wird Ordnung in das Gebiet der Stadt bringen, indem sie die Schlüsselfunktion berücksichtigt: wohnen, arbeiten, sich erholen. Der Verkehr, die vierte Funktion, darf nur ein Ziel haben: die drei anderen nutzbringend in Verbindung zu bringen. Große Umwälzungen sind unvermeidlich. Die Stadt und ihr Gebiet müssen mit einem Verkehrsnetz versorgt werden, das – den Nutzungen und den Zwecken exakt angeglichen – die moderne Technik des Verkehrs begründen wird. Man muss die Verkehrsmittel klassifizieren und unterscheiden und für jede Art eine Fahrbahn schaffen, die der Natur der benutzten Fahrzeuge entspricht. Der so geregelte Verkehr wird zu einer geordneten Funktion, die der Struktur der Wohnung oder derjenigen der Arbeitsstätten keinerlei Gewalt antut."[3]

Die „funktionelle Stadt" kann als organischer Aufbau betrachtet werden und das Verkehrsnetz der Stadt bildet die Versorgungsadern, die benötigt werden um alle Bereiche miteinander verbinden zu können. Das Manifest des modernen Städtebaus begünstigt eine funktionale Betrachtungsweise oder auch bedürfniszentrierte Weltsicht. Parallel dazu entstand auch in der Geographie eine Denkrichtung, die gegenwärtig als „funktionale Phase" bezeichnet wird. Diese Betrachtungsweise hatte ihren Ursprung in der Biologie und Physiologie und wurde erst danach auf die sozial- und kulturwissenschaftliche Forschung übertragen. So wie der Geodeterminismus die traditionelle Geographie dominierte „steht auch der Funktionalismus in der Tradition des Anspruchs, die Sozial- und Kulturwissenschaften – dem Ideal der Einheitswissenschaft entsprechend – nach naturwissenschaftlichem Vorbild zu entwickeln"[4].

---

[3] Charta von Athen, 1942, § 81, in: Werlen, B.: Sozialgeographie, 2004, S. 167.
[4] Werlen, B.: Sozialgeographie, 2004, S. 168.

Es ist bekannt, dass menschliches Handeln von vorhandenen Bedürfnissen beeinflusst wird und dementsprechend stehen beide Faktoren in Wechselwirkung zueinander. Die so genannten „Funktionalisten" führten die bedürfniszentrierte Betrachtungsweise menschlicher Tätigkeiten in die Sozialwissenschaften ein, wonach jemand der beispielsweise Hunger hat (vorhandenes Bedürfnis) einkaufen geht (Tätigkeit/Handeln). Emile Durkheim war ein Vorreiter des Funktionalismus und erarbeitete dafür die Grundlagen in der Soziologie und der britische Sozialanthropologe Bronislaw Malinowski entwickelte in den 20er und 30er Jahren eine systematische Theorie zur funktionalistischen Erforschung fremder Kulturen und Gesellschaften. Seine These geht davon aus, dass man alle bestehenden Kulturformen als spezifische Formen der Befriedigung menschlicher Grundbedürfnisse auffassen kann. Malinowski differenziert zwischen primären biologischen Bedürfnissen wie Hunger/Essen, Erholung/Schlafen, Geschlechtstrieb/Sexualität usw. und kulturell überformten Bedürfnissen, wie gesetzgeberische, religiöse, ethnische usw. „Jede Kultur wird als besonderer Ausdruck der Interpretation und Veräußerung dieser beiden Arten von Bedürfnissen gesehen."[5]

Ferner beeinflussten die amerikanischen Soziologen Talcott Parsons und Robert Merton die Entwicklung des Funktionalismus, als sie in den 50er und 60er Jahren sozialwissenschaftliche Forschungsprinzipien ausformulierten. Die Existenz eines Elementes wird, in Anbetracht funktionaler Erklärung, durch seine Leistung für das Ganze begründet und was als Element definiert werden soll, hängt von der Art der Identifizierung des Ganzen ab. Gemäß der funktionalistischen Denkweise kann es sich gewissermaßen um die Religion, das Geld oder eine Stadt handeln, es kommt nur darauf an, ob man das Ganze als eine Gesellschaft, eine Wirtschaft oder ein Siedlungsnetz betrachtet.

Insgesamt ist B. Werlen zufolge „unter funktionalem Denken eine Betrachtungsweise zu verstehen, der es darum geht, eine Menge von Elementen unter dem Gesichtspunkt ihrer Funktion für das Ganze auf verschiedenen analytischen Ebenen miteinander in Beziehung zu bringen und ihre Verschiedenheit unter einer einheitlichen Bezugskategorie (einem Bezugspunkt) derart zu ordnen, dass die Elemente vergleichbar werden"[6].

Gleichwohl wird die bedürfniszentrierte Betrachtungsweise in der Sozialgeographie auf den Raum übertragen, denn zur Befriedigung vorhandener Bedürfnisse brauchen wir einen bestimmten Raum. Hans Bobek war der erste Sozialgeograph, der Kulturlandschaftsformen auf sechs sozialgeographisch relevante Funktionen zurückführen wollte.

---

[5] Ebd., S. 169.
[6] Ebd., S. 170.

Diese Funktionen sind folgende:

1. Biosoziale Funktionen
2. Toposoziale Funktionen
3. Ökosoziale Funktionen
4. Migrosoziale Funktionen
5. Politische Funktionen
6. Kulturfunktionen

Die Leitkriterien bei der Planung und Gestaltung einer Stadt sollen laut Le Corbusier die vier Grundbedürfnisse „Wohnen", „Erholung", „Arbeit" und „Verkehr" darstellen. Le Corbusier's funktionale Stadtplanungstheorie ist demzufolge auf die Befriedigung der menschlichen Grundbedürfnisse auszurichten. Daher ist die räumliche Gestaltung der Lebensbedingungen in Hinsicht auf den Funktionalismus dem tief greifenden Konflikt zwischen Privatinteressen und funktionellen Erfordernissen ausgesetzt. An dem Planungskonzept von Le Corbusier orientiert sich heute noch die Stadtpolitik der meisten europäischen Städte. Die Stadtordnungspläne, aber auch Regional- und Flächennutzungspläne, sind nach bedürfnisbezogenen Kategorien angelegt. Diese Kategorien legen fest, welche Flächen für Wohn- und Arbeitsfunktion vorgesehen und welche für die Erholung freizuhalten sind. Bei einem entsprechenden Bebauungsplan wird versucht, die Arbeits- und Wohnfunktion zu kombinieren. Demnach schließt die Raumplanung immer Tätigkeitsplanung mit ein.

„Die darin eingelassenen Verhältnisse von «Gesellschaft und Raum» sowie «Politik und Planung» sind die Kernthemen der bedürfniszentrierten funktionalistischen Sozialgeographie. Die Analyse und Erklärung des Gesellschaft-Raum-Verhältnisses ist die Aufgabe der wissenschaftlichen Sozialgeographie, Politik und Planung das Aufgabenfeld der Angewandten Sozialgeographie."[7]

Es kann also festgehalten werden, dass die funktionalistische Sozialgeographie und die funktionale Stadtplanung in einem spezifischen Spannungsfeld von alltäglichen Problemsituationen sowie wissenschaftlicher Theorieentwicklung entstanden sind.

Herausbildung der „Münchener Schule"

Die deutschsprachige Sozialgeographie war lange Zeit – wie die Geographie allgemein – von geodeterministischen Vorstellungen geprägt. Lage, Raum und Grenzen wurden so zu sozialen Wirkungsfaktoren. Als einer der wichtigsten Vertreter muss Friedrich Ratzel (1844-1904) genannt werden, der den Naturdeterminismus in der Sozialgeographie verankerte – also der

---

[7] Ebd., S. 172.

Grundstein für die "Blut-und-Boden"-NS-Ideologie: Für einen Boden kann es auch nur ein Volk geben. Auch nach dem zweiten Weltkrieg bestimmte die Landschafts- bzw. Länderkunde die Anthropogeographie und prägte die Wahrnehmung der Geographie im Wissenschaftsbetrieb als vornehmlich deskriptive Disziplin ohne theoretische Basis. Erst mit dem Eingang funktionalen Denkens in die Sozialgeographie erfuhr diese eine Weiterentwicklung.

Die stärkste Phase der Sozialgeographie in Deutschland war von den 60ern bis in die 80er Jahre des 20. Jahrhunderts, verbunden mit der Entstehung zahlreicher geographischer Disziplinen an den Universitäten (u. a. Raumplanung) und Beeinflussung der Inhalte in den Schulen. In den 60er Jahren wurde von der so genannten „Münchener" Sozialgeographie ein Analyse- und Planungskonzept der Sozialgeographie entwickelt, welches die menschlichen Bedürfnisse in die Raumforschung und Raumplanung mit einbezieht sowie berücksichtigt. Die „Münchener Schule" baute vorwiegend auf der Landschaftsforschung Bobek's und der Gesellschaftsforschung Hartke's auf und entwickelte diese weiter.

Besonders die Publikationen, Forschungen und Planungsarbeiten von Karl Ruppert, Franz Schaffner, Jörg Maier und Reinhard Paesler, die nach 1969 am Institut für Wirtschaftsgeographie der Universität München aufgekommen sind, bildeten an erster Stelle die „Münchener Konzeption der Sozialgeographie". In den 70er und 80er Jahren gewann die „Münchener Schule" stark an Einfluss und wurde ebenso hitzig von der Fachwelt diskutiert. Für B. Werlen stellen sich die Aufgaben der „Münchener Schule" wie folgt dar: „[…] die Vorschläge der funktionalen Phase, das Werk Hans Bobek's und jenes von Wolfgang Hartke zusammenzuführen und unter neuen sozialpolitischen urbanen Verhältnissen fruchtbar zu machen."[8] Im Vergleich zur Bobek's Landschaftsforschung und Hartke's Indikatorenansatz bei der Erforschung ländlicher Gebiete, gehen Ruppert und Schaffner davon aus, dass sich eine sozialgeographische Forschungskonzeption auch den komplexen Kulturlandschaften, wie z. B. der Stadt zuwenden muss und sehen das geeignetes Mittel dafür in der funktionalen Betrachtungsweise der architektonischen Tradition.

Daseinsgrundfunktionen (DGF)

Die Daseinsgrundfunktionen der „Münchener Schule" der Sozialgeographie erhielten ihren Entwicklungsimpuls über Bobek's diskutierten Funktionskreise menschlicher Daseinsäußerungen: biosoziale Funktion, ökosoziale Funktion etc. Dagegen setzte sich im Verlauf der

---

[8] Ebd., S. 174.

Raumordnungsdiskussion ein identischer Funktionskatalog von D. Partzsch (1964) in einer etwas modernisierten Form durch (siehe Abb. 1). Ruppert und Schaffner hatten in einem Artikel (1969) diesen Funktionskatalog von Partzsch übernommen und als zentrales Konzept der Sozialgeographie etabliert.[9]

Abb. 1

Abbildung 10 *Daseinsgrundfunktionen* (aus: PARTZSCH, 1964, 10)

Quelle: Werlen, B.: Sozialgeographie, 2004, S. 176.

Die Daseinsgrundfunktionen entsprechen einer Systematisierung menschlicher Grundbedürfnisse und sind vier Kriterien unterworfen:

1. unabhängig von Schichtzugehörigkeit,
2. massenstatistisch erfassbar,
3. räumlich und zeitlich messbar,
4. raumwirksam ausprägen.

Die Anzahl der Daseinsgrundfunktionen variiert je nach Kulturkreisen und Epochen. Bei der Raumanalyse muss beachtet werden, dass sämtliche Funktionen miteinander im Zusammenhang stehen. Die Daseinsgrundfunktionen sind objektiviert und ihre Erfüllung ist in der Realität nach den verschiedenen Ansprüchen des jeweiligen Individuums verschieden.

---

[9] Weichhart, P.: Entwicklungslinien, 2008, S. 37.

„Die Kulturlandschaft sei letztlich als das komplexe Gefüge der räumlichen Strukturmuster von Grunddaseinsfunktionen der Gesellschaft eines Gebietes anzusehen. Aus dieser funktionalen Perspektive heraus könne nun der eigentliche Schritt zur Sozialgeographie vollzogen werden. Er liege in der Einsicht, dass die Träger der Funktionen und damit die Schöpfer räumlicher Strukturen letztlich menschliche Gruppen sind."[10] Das verdeutlicht die verstärkte Hinwendung, der Humangeographie, zum Menschen selbst. Das Individuum steht nun im Mittelpunkt der bedürfniszentrierten Betrachtungsweise und „nicht mehr die Phänomene, die sichtbaren Elemente der Kulturlandschaft, stehen jetzt im Vordergrund, sondern die Menschen als Akteure, die hinter den Phänomenen stecken und diese bewirken"[11]. Der Mensch hat Bedürfnisse und diese veranlassen das Individuum bestimmte Tätigkeiten auszuführen. Kurz um, der handelnde Mensch verändert seine Umwelt (Raum) entsprechend seiner Bedürfnisse. Die „Münchener Schule" ist der Auffassung, dass die „Träger" der Grunddaseinsfunktionen soziale Gruppen darstellen und in einem bestimmten Sozialzusammenhang des Miteinanderlebens eingebunden sind. Daher ist die Analyse der Grundmuster der Daseinsgrundfunktionen und ihrer Verortung „eine Grundmethode der „Münchener" Sozialgeographie. Sie führt zur Analyse gruppenspezifischer Prozessfelder und aktionsräumlicher Reichweiten."[12]

Unser heutiger Raum weißt die folgenden sozialgeographischen Daseinsgrundfunktionen auf: arbeiten; sich versorgen; wohnen; sich erholen; sich bilden und verkehren (Verkehr bzw. Kommunikation).

Gegenstand der „Münchener Schule"

Wie wir gesehen haben, bezieht sich der Forschungsgegenstand der „Münchener" Sozialgeographie auf die Klärung sozioökonomischer Strukturen und Funktionen. Im Focus der Forschung liegt die höhere Aufmerksamkeit auf die sozialen Gruppen. Somit stellen sich die Kernpunkte des „Münchener" sozialgeographischen Ansatzes wie folgt dar: zunächst geht es um die Klärung der Kulturlandschaft auf Grundlage der Daseinsgrundfunktionen. Des Weiteren versucht die „Münchener Schule" die räumlichen Muster und die Raumansprüche der Daseinsgrundfunktionen zu rekonstruieren. Ferner werden die Aktionsräume von sozialen

---

[10] Ebd., S. 38.
[11] Ebd.
[12] Borsdorf, A.: Geographisch denken, 1999, S. 78.

Gruppen (sozialgeographische Räume) untersucht und diese Raumstrukturen sind dauerhaft beständig.

Im Mittelpunkt ihrer Forschung stehen deshalb die Daseinsgrundfunktionen: Gesellschaft, Wohnen, Arbeit, Versorgen, Erholen, Bilden und am Verkehr teilnehmen. Anhand dieser Funktionen lassen sich alle Muster menschlicher Mobilität nachvollziehen. Auch lassen sich viele geographische Disziplinen ihnen direkt zuordnen. Den Daseinsgrundfunktionen „sind Flächen und verortete Einrichtungen zugeordnet, deren regional differenzierte Muster die Geographie zu erfassen, zu beschreiben und zu erklären hat. Träger dieser Funktionen – und damit Schöpfer räumlicher Strukturen – sind die [sozialen Gruppen]. Sie sind auch Initiatoren von räumlichen Prozessen. Raum wird daher zum Prozessfeld. Die sozialen Gruppen haben sehr unterschiedliche Ansprüche, ihre Daseinsgrundfunktionen sind unterschiedlich gewichtet. Ihr Aktionsraum ist daher als gruppenspezifisches Prozessfeld anzusehen und unterscheidet sich von dem anderer Gruppen."[13]

Ein weiters Ziel des „Münchener" sozialgegraphischen Theorieansatzes besteht darin, einen Bezug zur Raumordnung herzustellen. In Hinsicht auf menschliche Grundbedürfnisse werden Räume geschaffen und durch Lebensbedingungen gestaltet und verändert. Die Bedürfnisse sozialer Gruppen werden heute für Planungskonzepte, z. B. einer Stadt, vollends berücksichtigt und stellen die Leitkriterien bei der (Raum-)Planung dar. Bei der Planung einer Stadt muss genug Raum zur Erholung vorhanden sein, die Wohnungen müssen hygienisch sein (wenig Lärm, geräumig, saubere Luft etc.), die Arbeitsplätze sollten ein natürlichen Charakter besitzen und die Verkehrswege verbinden andere Flächen miteinander.

Es ist erkennbar, dass der „Münchener" sozialgeographische Ansatz sich vorwiegend auf soziale Gruppe in urbanen Gebieten beschränkt, womit wir zum nächsten Punkt dieser Arbeit kommen: den Unzulänglichkeiten der „Münchener" Theorie.

Kritik am „Münchener" sozialgeographischen Ansatz

Michael Fürstenberg (Technische Universität Braunschweig), Prof. Dr. Tilman Rhode-Jüchtern (Universität Jena), Prof. Dr. Eugen Wirth (Universität Erlangen-Nürnberg) und Prof. Dr. Alois Kneisle (Universität Hamburg) gehören zu den bekanntesten Kritikern des funktionalistischen sozialgeographischen Ansatzes der „Münchener Schule". Die bestehenden

---

[13] Ebd., S. 78.

Unzulänglichkeiten der „Münchener" sozialgeographischen Theorie beziehen sich auf den Vorwurf der Kritiker: der „Münchener" Ansatz habe eine zu schwache theoretische Basis.

Es wird die Beliebigkeit der sieben Daseinsgrundfunktionen kritisiert und die damit verbundene Zuordnung in Gruppen lässt sich so nur schwer nachvollziehen. Die Daseinsgrundfunktionen haben einen primären Zuordnungszweck, wodurch soziale Aspekte überwiegend übergangen werden. Ebenfalls wird der „Münchener" Theorie vorgeworfen, die Funktionslogik der Gesellschaft berücksichtige nicht die Weiterentwicklung der Gesellschaft.

Ein anderer wichtiger Kritikpunkt besteht darin, dass der „Münchener" sozialgeographische Ansatz sich kaum oder nur schwer auf ländliche Räume anwenden lässt, so wie sich beispielsweise Bobek's Landschaftsforschung kaum auf urbane Räume übertragen lässt.

Des Weiteren ergibt sich eine Problematik zwischen dem Zusammenhang von Raum und Gesellschaft. Ist „Raum" immer handlungsspezifisch konstruiert? Diese Frage ergibt sich, da die Gesellschaft heute weitestgehend vom Raum unabhängig existenzfähig ist und die Menschen zunehmend den Raum beeinflussen und nicht (mehr) umgekehrt. Daraus folgt, dass sich die heutige Gesellschaft die Räume zunehmend selbst konstruiert und gestaltet.

Außerdem wird von den Kritikern des „Münchener" Theorieansatzes der Vorwurf erhoben, dass die ökologische Thematik vernachlässigt wird und die Individualität der Subjekte im Raum kaum Berücksichtigung findet. D. h. die bedürfnisbezogene bzw. funktionale Zentrierung auf das Individuum im Raum wird nicht ausreichend behandelt und miteinbezogen. Kurz um, der sozialgeographische Ansatz der „Münchener Schule" bleibt hinter dem von Wolfgang Hartke zurück.

Schlussfolgerung

Zusammenfassend kann gesagt werden, dass der „Münchener" sozialtheoretische Ansatz die Sozialgeographie als eigenständige wissenschaftliche Disziplin entscheidend mitprägte und sie entwickelte die sozialgeographischen Konzepte von Bobek und Hartke weiter. „Im Zentrum des Münchener Ansatzes stehen sieben Daseinsgrundfunktionen, denen raumwirksame Tätigkeiten von Menschen zugeordnet werden sollen."[14] Demnach veranlassen die menschlichen Grundbedürfnisse das Individuum zu einem bestimmten Handeln. Die Rekons-

---

[14] Werlen, B.: Sozialgeographie, 2004, S. 200.

truktion der räumlichen Muster und der Raumansprüche der Daseinsgrundfunktionen wird als erste Aufgabe der Sozialgeographie angesehen[15].

Ferner soll die Kulturlandschaft unter Bezugnahme auf die sieben Daseinsgrundfunktionen, entsprechende Bewertungsvorgänge und darauf beruhende Reaktionsketten sozialgeographischer Gruppen erklärt werden. Die räumlichen Strukturen und die gesellschaftliche Wirklichkeit verändern sich unterschiedlich schnell, denn die Raumstrukturen sind dem „Prinzip der Persistenz" unterworfen. Somit zeichnet sich die gestaltete Umwelt gegenüber dem sozialen Wandel durch eine zeitliche Verzögerung aus, die zu ernsthaften sozialen Problemen führen kann. Die Aktionsräume sozialer Gruppen werden auch als „sozialgeographische Räume" bezeichnet und stellen ein Kapazitäten-Reichweiten-System dar.[16]

Man kann abschließend sagen, dass die Wahrnehmung und Bewertung der Umwelt das Ausüben der Daseinsgrundfunktionen bedingen, deren Auswirkungen sich im Raum niederschlagen. Die sozialen Gruppen bilden (funktionale) Aktionsräume, die sich auf der Grundlage der räumlichen Aktivitäten der sozialen Gruppen bilden (Tautologie). Infolge dessen wird die Kulturlandschaft auf der Basis der Ausübung von Daseinsgrundfunktionen erklärt und die räumlichen Muster werden durch die räumlichen Muster der Daseinsgrundfunktionen definiert. Der Raum im geographischen Sinne kann dazu beitragen, bestimmte menschliche Verhaltensweisen zu erklären, wie beispielsweise „Mobilität". „Raum" wird aber auch selbst durch menschliches Verhalten verändert (Nutzung, Bebauung) oder auch verzerrt (Massenverkehr).

„Überall dort, wo es um die Beschreibung und Erklärung sozialgeographischer Strukturen geht, kann diese Methode [„Münchener" sozialgeographischer Ansatz] fruchtbar sein. Nach ihrem Siegeszug in der Schulgeographie in den 70er Jahren ist es dort heute etwas stiller um sie geworden. Von Studierenden wird sie vor allem bei stadtgeographischen Arbeiten (funktionale Kartographie etc.) noch gern herangezogen."[17]

---

[15] Ebd.
[16] Ebd.
[17] Borsdorf, A.: Geographisch denken, 1999, S. 78.

Literaturverzeichnis

Borsdorf, Axel: Geographisch denken und wissenschaftlich arbeiten. Eine Einführung in die Geographie und in Studientechniken, 1. Aufl., Gotha/Stuttgart 1999.

Maier, J./Paesler, R./Ruppert, K./Schaffer, F.: Sozialgeographie. Braunschweig 1977.

Marwedel, Peter: Sammlung Junge Wissenschaft. Funktionalismus und Herrschaft. Die Entwicklung eines Theorie-Konzepts von Malinowski zu Luhmann, Köln 1976.

Ruppert, K./Schaffer, F.: Zur Konzeption der Sozialgeographie. In: Geographische Rundschau (Braunschweig), 21/6/1969, S. 214-221.

Weichhart, Peter: Entwicklungslinien der Sozialgeographie. Von Hans Bobek bis Benno Werlen, Stuttgart 2008.

Werlen, Benno: Sozialgeographie: Eine Einführung, 2., überarbeitete Aufl., Bern; Stuttgart; Wien, 2004.

Internetquellen

Festschrift für das Geographische Institut 1998, S. 5.
    http://www.ssg.geo.uni-muenchen.de/institut/geschichte/jub98.pdf